¡Saludos,
tortugas marinas!

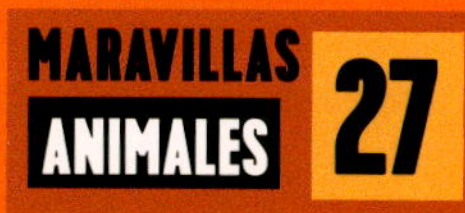

LAS TORTUGAS MARINAS

QUINN M. ARNOLD

CREATIVE EDUCATION | CREATIVE PAPERBACKS

¡HUELE ESE AIRE FRESCO DEL MAR!

Índice

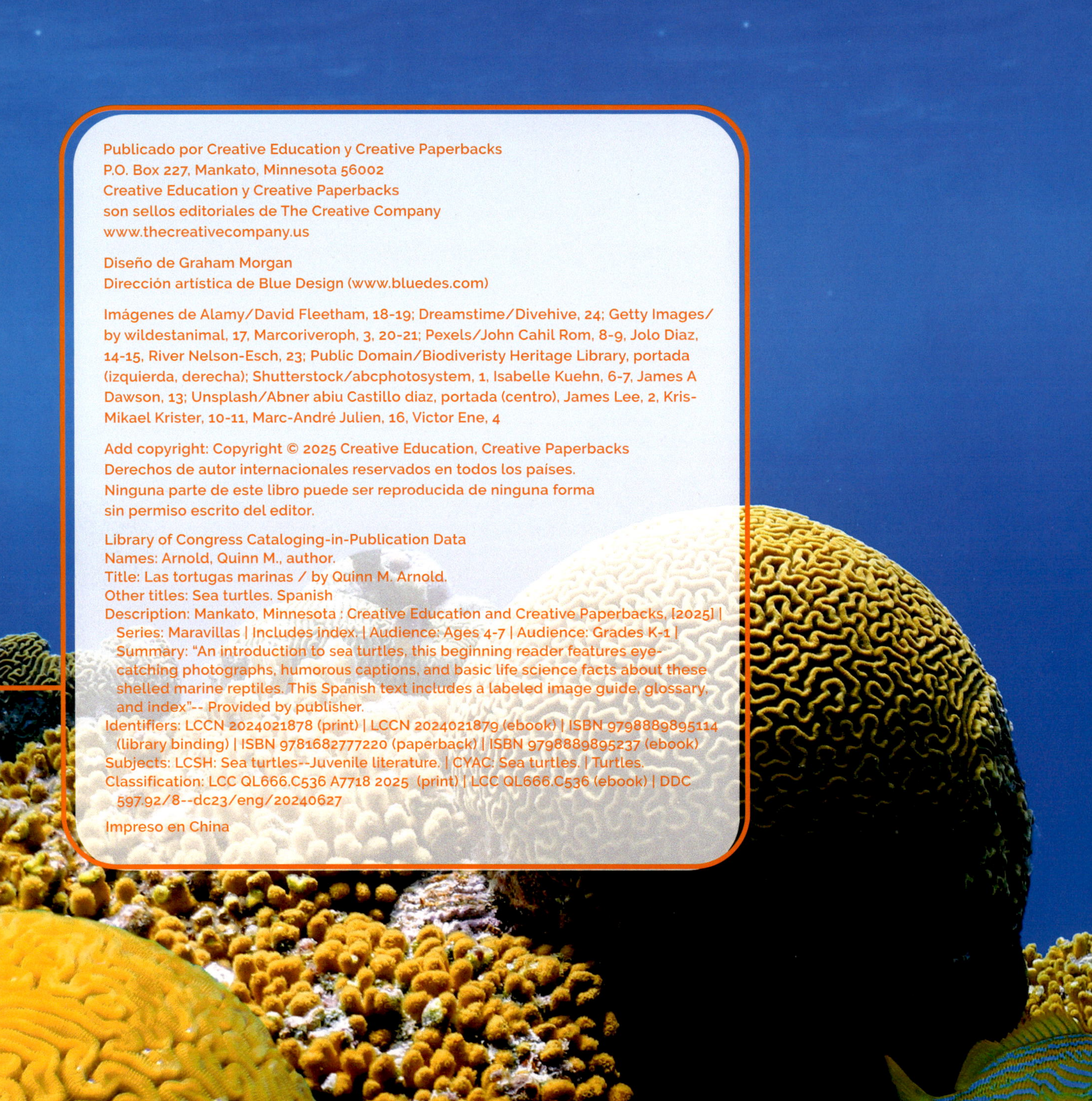

Publicado por Creative Education y Creative Paperbacks
P.O. Box 227, Mankato, Minnesota 56002
Creative Education y Creative Paperbacks
son sellos editoriales de The Creative Company
www.thecreativecompany.us

Diseño de Graham Morgan
Dirección artística de Blue Design (www.bluedes.com)

Imágenes de Alamy/David Fleetham, 18-19; Dreamstime/Divehive, 24; Getty Images/by wildestanimal, 17, Marcoriveroph, 3, 20-21; Pexels/John Cahil Rom, 8-9, Jolo Diaz, 14-15, River Nelson-Esch, 23; Public Domain/Biodiveristy Heritage Library, portada (izquierda, derecha); Shutterstock/abcphotosystem, 1, Isabelle Kuehn, 6-7, James A Dawson, 13; Unsplash/Abner abiu Castillo diaz, portada (centro), James Lee, 2, Kris-Mikael Krister, 10-11, Marc-André Julien, 16, Victor Ene, 4

Library of Congress Cataloging-in-Publication Data
Names: Arnold, Quinn M., author.
Title: Las tortugas marinas / by Quinn M. Arnold.
Other titles: Sea turtles. Spanish
Description: Mankato, Minnesota : Creative Education and Creative Paperbacks, [2025] | Series: Maravillas | Includes index. | Audience: Ages 4-7 | Audience: Grades K-1 | Summary: "An introduction to sea turtles, this beginning reader features eye-catching photographs, humorous captions, and basic life science facts about these shelled marine reptiles. This Spanish text includes a labeled image guide, glossary, and index"-- Provided by publisher.
Identifiers: LCCN 2024021878 (print) | LCCN 2024021879 (ebook) | ISBN 9798889895114 (library binding) | ISBN 9781682777220 (paperback) | ISBN 9798889895237 (ebook)
Subjects: LCSH: Sea turtles--Juvenile literature. | CYAC: Sea turtles. | Turtles.
Classification: LCC QL666.C536 A7718 2025 (print) | LCC QL666.C536 (ebook) | DDC 597.92/8--dc23/eng/20240627

Impreso en China

Siete tipos de tortugas marinas viven en los **océanos** de la Tierra. Nadan y duermen en el agua salada.

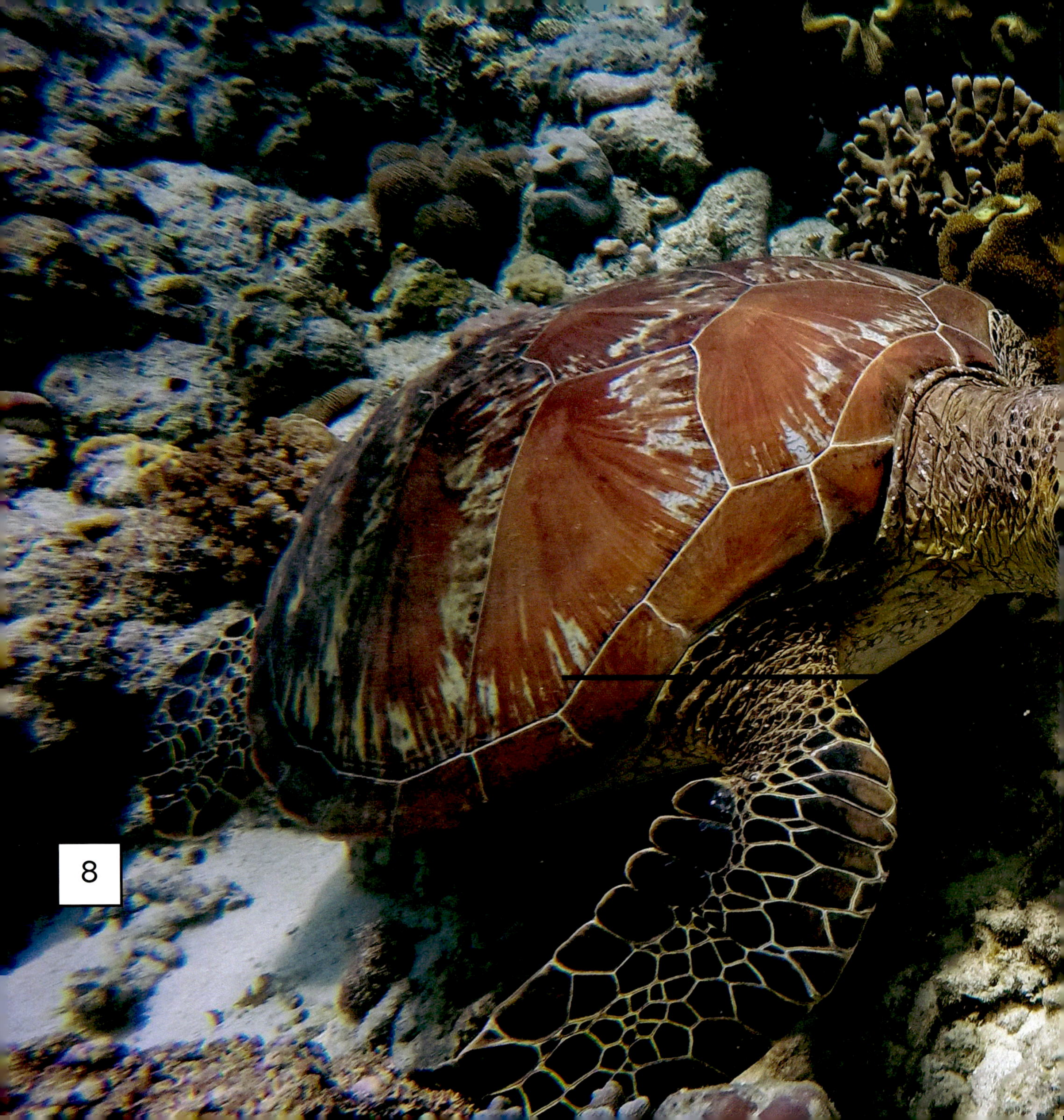

Largas aletas delanteras ayudan a nadar a una tortuga. Su caparazón la mantiene segura.

Algunas tortugas marinas se esconden bajo las rocas. Pueden aguantar la respiración por mucho tiempo.

AGUANTANDO LA RESPIRACIÓN . . .

Las tortugas marinas huelen la comida con el olfato. Las tortugas verdes sólo comen plantas. Otras tortugas comen cangrejos y medusas.

NO NECESITO UNA LUZ NOCTURNA PARA ENCONTRAR UN TENTEMPIÉ A MEDIANOCHE.

LAS TORTUGAS MARINAS PONEN HASTA 100 HUEVOS.

Las tortugas marinas desovan en una playa. Las **crías** salen del nido. Se arrastran hasta el agua.

Las tortugas marinas viven solas. Las tortugas laúd nadan miles de kilómetros. Se sumergen en las profundidades del océano.

¡NOS VEMOS!

¡Adiós, tortugas marinas!

[Imagina una tortuga marina]

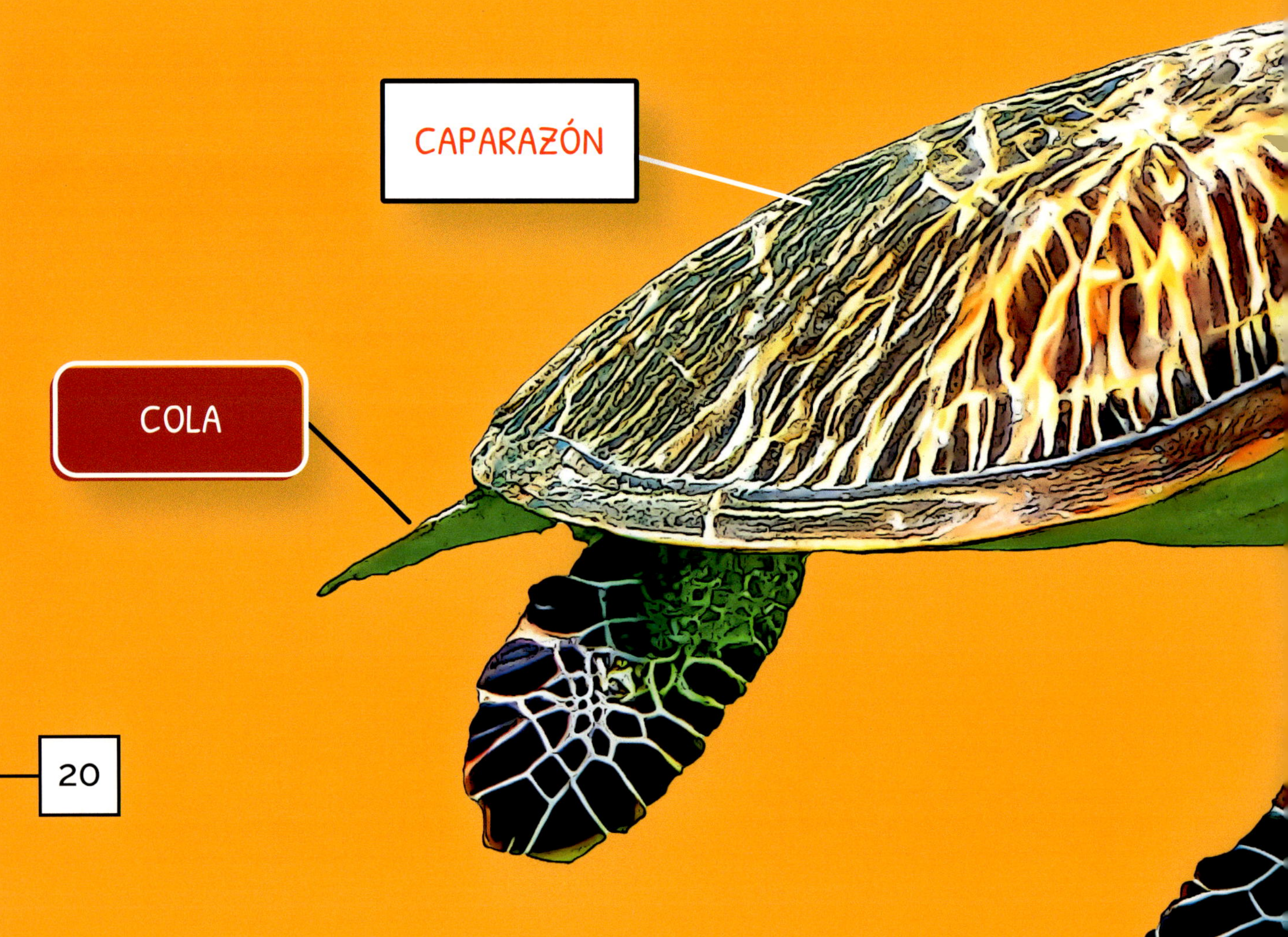

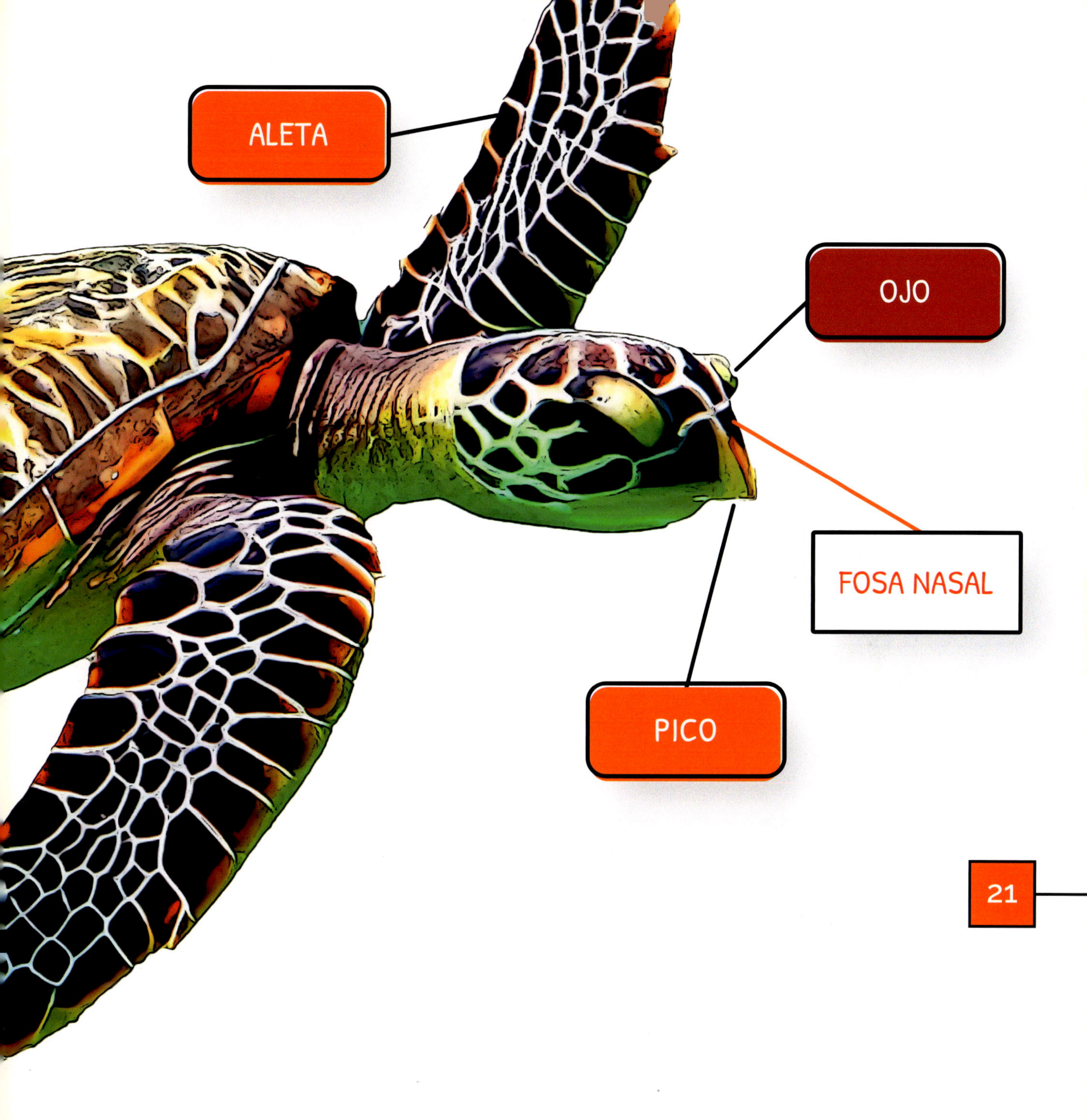
ALETA
OJO
FOSA NASAL
PICO

PALABRAS QUE DEBES CONOCER

aleta: una extremidad plana (como un brazo) que ayuda a nadar a una tortuga marina

cría: una tortuga marina bebé

océano: una gran área de agua profunda y salada

ÍNDICE